BEI GRIN MACHT SICH IHR WISSEN BEZAHLT

- Wir veröffentlichen Ihre Hausarbeit, Bachelor- und Masterarbeit

- Ihr eigenes eBook und Buch - weltweit in allen wichtigen Shops

- Verdienen Sie an jedem Verkauf

Jetzt bei www.GRIN.com hochladen und kostenlos publizieren

Bibliografische Information der Deutschen Nationalbibliothek:

Die Deutsche Bibliothek verzeichnet diese Publikation in der Deutschen National-
bibliografie; detaillierte bibliografische Daten sind im Internet über http://dnb.d-
nb.de/ abrufbar.

Impressum:

Copyright © 2007 GRIN Verlag, Open Publishing GmbH
Druck und Bindung: Books on Demand GmbH, Norderstedt Germany
ISBN: 9783640664214

Dieses Buch bei GRIN:

http://www.grin.com/de/e-book/153822/bundes-und-landesnaturschutzgesetze-in-
deutschland

Judith Bernet

Bundes- und Landesnaturschutzgesetze in Deutschland

Welche Arten von Schutzgebieten gibt es in Deutschland?

GRIN Verlag

Johannes Gutenberg-Universität
Geographisches Institut
Grundlagen und Aufgaben räumlicher Planung
Wintersemester 2006/2007

Bundes- und Landesnaturschutzgesetze in Deutschland.

Welche Arten von Schutzgebieten gibt es in Deutschland?

Judith Bernet

Geographie:	Diplom Hauptfach	3. Semester
Politik:	Nebenfach	2. Semester
Soziologie:	Nebenfach	3. Semester

Inhaltsverzeichnis Seite

1. Gesetze zum Naturschutz?

Warum brauchen wir Gesetze zum Naturschutz? Der Schutz unserer Umwelt sollte doch selbstverständlich sein, man sollte meinen, dass Naturschutz das Anliegen eines jeden Einzelnen ist. Doch ist die Umsetzung nicht immer so einfach. Naturschutz muss bei jeder räumlichen Veränderung, also bei jedem Eingriff in die Umwelt beachtet werden. Doch stehen hinter jedem dieser Eingriffe auch Interessen, z.B. wenn Gebäude, Straßen etc. gebaut werden, die den Naturschutz nicht unbedingt unterstützen. Rund 11% der Fläche Deutschlands sind durch Siedlungs- und Verkehrsflächen versiegelt (*Konrad Adenauer Stiftung*) und jeden Tag werden ca. 100 Hektar – die Fläche von 125 Fußballfeldern – freie Landschaft entweder durch Zersiedlung und Versiegelung verbaut oder von neuen Verkehrswegen zerschnitten (*Umwelt- und Naturschutzverbände*). Es stehen sich also verschiedene Interessen – Nutzung bzw. Schutz – gegenüber, die sich oft auch widersprechen. Hier werden Regelungen gebraucht, festgelegte Regeln. Auch ist nicht jeder „Fachmann" und weiß, wie die Natur am besten geschützt wird; so stellt das Bundesnaturschutzgesetz den gesetzlichen Rahmen, innerhalb dessen der bestmögliche Schutz unserer Umwelt angestrebt wird. Besonders geht das BNatSchG auf die verschiedenen Schutzgebiete ein; welche Kategorien von Schutzgebieten es gibt, soll in der folgenden Hausarbeit herausgearbeitet werden.

2. Das Bundesnaturschutzgesetz von 2002

Das Bundesnaturschutzgesetz ist nicht nur ein Gesetz, bei dessen Nicht-Einhaltung es zu Sanktionen kommt, sondern es möchte vielmehr will es Rahmen sein, innerhalb dessen verschiedene Wege zur Kommunikation zwischen Beteiligten und zur Information der Öffentlichkeit gesucht werden, um eine Zusammenarbeit zu erreichen, die nach den Grundsätzen des Gesetzes erfolgt. Das BNatSchG existiert seit 1976; in seiner aktuellen Fassung wurde ihm von Bundestag und Bundesrat am 1.2.2002 zugestimmt, so dass es am 4.4.2002 in Kraft treten konnte (*Institut für Naturschutz und Naturschutzrecht Tübingen*).

2.1 Allgemeine Vorschriften

Abschnitt 1 des BNatSchG widmet sich den allgemeinen Vorschriften. Er ist in elf Paragraphen unterteilt, von denen hier die wichtigsten erläutert werden sollen.

<u>Ziele des Naturschutzes und der Landschaftspflege (§1)</u>

§1 des Abschnitts 1 lautet folgendermaßen:

> *„Natur und Landschaft sind auf Grund ihres eigenen Wertes und als Lebensgrundlage des Menschen auch in Verantwortung für die künftige Generation im besiedelten und unbesiedelten Bereich so zu schützen, zu pflegen, zu entwickeln und, soweit erforderlich, wiederherzustellen, dass:*
>> *1. die Leistungs- und Funktionsfähigkeit des Naturhaushalts,*
>> *2. die Regenerationsfähigkeit und nachhaltige Nutzungsfähigkeit der Naturgüter,*
>> *3. die Tier- und Pflanzenwelt einschließlich ihrer Lebensstätten und Lebensräume sowie*
>> *4. die Vielfalt, Eigenart und Schönheit sowie der Erholungswert von Natur und Landschaft*
>
> *auf Dauer gesichert sind.“*

Dieser §1 stellt quasi eine „Kurzform“ des ganzen BNatSchG dar. Er gibt die grundlegenden Ziele wieder, nämlich:

- **Schutz, Pflege, Entwicklung und Wiederherstellung von Natur und Landschaft**
- **Nachhaltige Nutzung der Naturgüter**

Anhand daran, dass dieser §1 auch im LNatSchG von Rheinland-Pfalz so vorhanden ist, kann man erkennen, wie die beiden Gesetze ineinander greifen.

<u>Grundsätze des Naturschutzes und der Landschaftspflege (§2)</u>

Der §2 des BNatSchG ist sehr umfangreich. Hier sollen die wichtigsten Punkte zusammengefasst werden. Der Naturschutz widmet sich der **sparsamen, schonenden und nachhaltigen Erhaltung, Entwicklung und Wiederherstellung** der Umwelt. Genauer wird in diesem Paragraphen der Schutz von Naturgütern, dem Naturhaushalt, Böden, Gewässern und deren Ufern, dem Klima, biologischer (Arten-)Vielfalt, Naturbeständen im besiedelten Bereich, unbebauten oder nicht mehr gebrauchten Bereichen, natürlichen Landschaftsstrukturen, Erholungsflächen für den Mensch und historischen Kulturlandschaften formuliert. Wichtig ist auch die Förderung des allgemeinen Verständnisses für die Aufgaben und Ziele des Naturschutzes und der Landschaftspflege bei allen Betroffenen und der Öffentlichkeit. Hier wird also auch die Problematik der sich gegenüberstehenden Interessen thematisiert; dass hier Kommunikation notwendig ist, ist auch im BNatSchG verankert.

Das LNatSchG von Rheinland-Pfalz erweitert die Grundsätze des Naturschutzes um fünf Punkte und betont noch einmal die Nachhaltigkeit zum Zweck der Generationengerechtigkeit, die Lebensqualität der Bevölkerung, die Bereitstellung von Spielraum für Kinder, den Schutz der Kulturlandschaft und den Erhalt und die Wiederherstellung der biologischen Vielfalt. Ein Beispiel für Schutz durch Nachhaltigkeit ist der Einsatz erneuerbarer Energien zum Schutz des Klimas.

<u>Biotopverbund (§3)</u>

Der §3 des ersten Abschnittes des BNatSchG widmet sich dem Biotopverbund. Die Länder sollen in Zusammenarbeit ein Biotopnetz erschaffen, welches mindestens 10% der Landesfläche umfassen und zu nachhaltigen Sicherung der Lebensräume von heimischen Tier- und Pflanzenarten dienen soll. Der Biotopverbund besteht aus Kernflächen und Verbindungsflächen, sowie aus Bestandteilen wie Nationalparken, Biotopen, Naturschutzgebieten u.a., auf die im Kapitel 3 genauer eingegangen wird.

Des Weiteren wird im Abschnitt 1 des BNatSchG auf die <u>Beachtung der Ziele und Grundsätze (§4)</u>, die <u>Land-, Forst- und Fischereiwirtschaft (§5)</u>, die <u>Aufgaben der Behörden (§6)</u>, <u>Grundflächen der öffentlichen Hand (§7)</u>, <u>Vertragliche Vereinbarungen (§8)</u>, <u>Duldungspflicht (§9)</u>, <u>Begriffe (§10)</u> und <u>Vorschriften für die Landesgesetzgebung (§11)</u> eingegangen.

2.2 Umweltbeobachtung und Landschaftsplanung

In diesem Abschnitt geht es zuerst um die sog. Umweltbeobachtung. Deren Zweck ist es, den „Ist-Zustand" der Umwelt zu ermitteln, um dann anthropogen verursachte Veränderungen und deren Folgen, sowie die Wirkung von Schutzmaßnahmen zu beobachten und zu bewerten. Weiterhin beschäftigt sich der Abschnitt 2.2. mit der Landschaftsplanung, und zwar mit deren Aufgaben, Inhalte, den Programmen und Plänen, und den Zuständigkeiten der Länder. Der Landschaftsplanung liegt ein Schema zugrunde, welches in der Abbildung 1 dargestellt wird. Prinzipiell findet auf 100% der Fläche Naturschutz statt, doch nicht überall gleich intensiv.

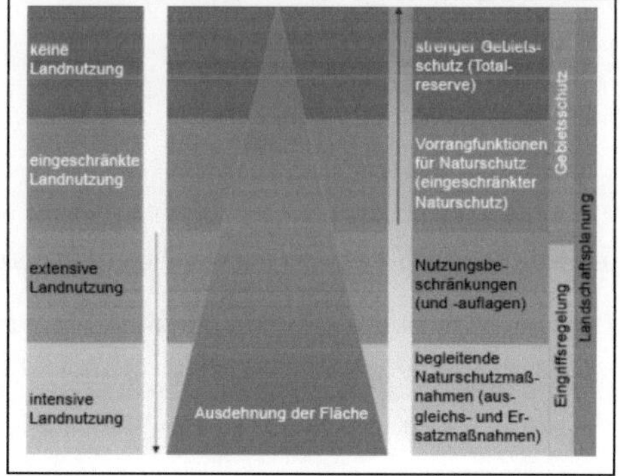

Abb.1: Das Verhältnis zwischen Gebietsschutz und Landnutzung (*BN Bundesamt für Naturschutz*)

Je strenger der Gebietsschutz ist, desto weniger intensiv darf Landnutzung auf der jeweiligen Fläche betrieben werden, die auch in ihrer Ausdehnung abnimmt, je strenger der Gebietsschutz ist.

Abbildung 2 zeigt den Ablauf bei der Landschaftsplanung: Zunächst erfolgt die Problembestimmung, bei der die Rahmenbedingungen, die Probleme und die Zielvorgaben bestimmt werden. Nach der Bestandserfassung und Bewertung wird dann ein Zielkonzept erarbeitet, nachfolgend ein Maßnahmenkonzept. Danach wird dann der konkrete Plan erstellt, also z.B. ein Landschaftsprogramm oder ein Landschaftsrahmenplan etc. Dem Plan erfolgt die Umsetzung, bei der Träger und Wege bestimmt werden müssen. Zum Schluss wird die Erfolgsbilanz ermittelt und die Fortschreitung mit eventuellen Korrekturen besprochen.

Abb.2: Der Ablauf von Landschaftsplanung (*BN Bundesamt* *)für*

Naturschutz)

2.3 Allgemeiner Schutz von Natur und Landschaft

Der dritte Abschnitt des BNatSchG beschäftigt sich mit Eingriffen in Natur und Landschaft. Zunächst werden „Eingriffe" definiert, danach Verursacherpflichten, die Unzulässigkeit von Eingriffen, Verfahren und das Verhältnis zum Baurecht geregelt. Ein wichtiger Punkt hierbei ist die Verpflichtung zu Ausgleichs- bzw. Ersatzmaßnahmen. Dabei handelt es sich um die Verursacherpflicht, unvermeidbare Beeinträchtigungen, die nicht dem Naturschutz entsprechen, durch Maßnahmen des Naturschutzes und der Landschaftspflege auszugleichen oder zu kompensieren.

3. Schutz, Pflege und Entwicklung bestimmter Teile von Natur und Landschaft

Im vierten Abschnitt des BNatSchG geht es um konkrete Schutzgebiete und Projekte zum Naturschutz. Die Erklärung zum Schutzgebiet (§22), die am Anfang dieses Anschnittes steht, besagt, dass die Länder die Schutzgebiete bestimmen und eigene Vorschriften erlassen. Des Weiteren widmet sich dieser Abschnitt den einzelnen Schutzgebietskategorien, auf die nun im Folgenden eingegangen werden soll.

3.1 Naturschutzgebiete

Naturschutzgebiete sind das klassische Instrumentarium für den konkreten Artenschutz, sie beherbergen normalerweise sehr seltene oder gar vom Aussterben bedrohte Tier- und Pflanzenarten. Sie stellen die strengste Flächenschutzkategorie dar, wie im Kapitel 2.2. erklärt wurde, bedeutet dies, dass die Ziele des Naturschutzes hier weitestgehenden bis absoluten Vorrang vor allen anderen Nutzungsansprüchen genießen; dies wird auch als Totalreserve bezeichnet (siehe Abb.1). Im Landkreis Mainz-Bingen gibt es 38 Naturschutzgebiete. (*Landkreis Mainz-Bingen Online*)

3.2 Nationalparke

Nationalparke sind folgendermaßen definiert: sie sind großräumig und von besonderer Eigenart, und ein überwiegender Teil ihres Gebietes erfüllt die Vorraussetzungen für ein Naturschutzgebiet und ist in einem vom Menschen nicht oder wenig beeinflussten Zustand. So soll ein möglichst ungestörter Ablauf der Naturvorgänge sichergestellt werden. Außerdem sollen Nationalparke auch der wissenschaftlichen Umweltbeobachtung und der naturkundlichen Bildung dienen. Auch hier erfolgt die Umsetzung durch die jeweiligen Länder.

In Deutschland gibt es 15 Nationalparks, die in der Tabelle 1 zusammengestellt sind, und deren Lage in der Karte in Abbildung 3 mit grün gekennzeichnet ist, wobei die Nummer in der Karte der Nummer in der Tabelle entspricht.

	Nationalpark	Bundesland	Gründung	Fläche in ha
1	Schleswig-Holsteinisches Wattenmeer	Schleswig-Holstein	1985	441.500
2	Hamburgisches Wattenmeer	Hamburg	1990	11.700
3	Niedersächsisches Wattenmeer	Niedersachsen	1985	234.230
4	Vorpommersche Boddenlandschaft	Mecklenburg- Vorpommern	1990	80.500
5	Jasmund	Mecklenburg- Vorpommern	1990	3.003
6	Müritz	Mecklenburg- Vorpommern	1990	31.878
7	Unteres Odertal	Brandenburg	1995	10.600
8	Harz	Niedersachsen	1994	15.800
9	Hochharz	Sachsen-Anhalt	1990	5.868
10	Hainrich	Thüringen	1997	7.600
11	Sächsische Schweiz	Sachsen	1990	9.300
12	Bayrischer Wald	Bayern	1970	24.250
13	Berchtesgaden	Bayern	1978	20.778
14	Eifel	Nordrhein-Westfalen	2004	10.700
15	Kellerwald-Edersee	Hessen	2004	5.724
			Deutschland gesamt:	913.431

Tab.1: Nationalparke in Deutschland (Stand 14.07.2004) (*Katalyse Institut für angewandte*

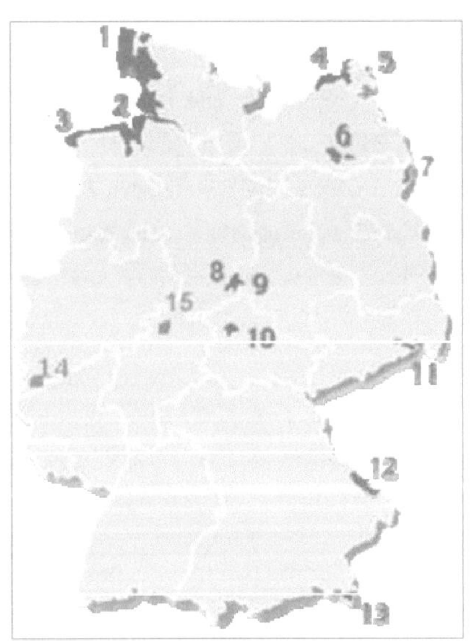

Abb.3: Nationalparke in Deutschland

(*Europarc Deutschland a*))

3.3 Biosphärenreservate

Biosphärenreservate sind definiert als großräumig und für bestimmte Landschaftstypen charakteristisch und erfüllen in wesentlichen Teilen ihres Gebietes die Vorraussetzungen eines Naturschutzgebietes oder eines Landschaftsschutzgebietes. Außerdem sollen sie beispielhaft der Entwicklung und Erprobung von besonders schonenden Wirtschaftsweisen dienen. Auch hier gilt, dass die jeweiligen Länder für die Umsetzung zuständig sind. Ein Biosphärenreservat ist einerseits eine Kategorie der Schutzgebiete nach dem BNatSchG, aber außerdem auch eine UNESCO-Auszeichnung im Rahmen des internationalen Programm „Der Mensch und die Biosphäre" (MAB). UNESCO-Biosphärenreservate sollen als international repräsentative Modellregionen für nachhaltige Entwicklung fungieren. In Deutschland gibt es derzeit 14 Biosphärenreservate, die in der Tabelle 2 aufgelistet und in der Abbildung 4 mit rot gekennzeichnet sind. Die Nummern entsprechen den Nummern in der Karte in der Abbildung 4. Die deutschen Biosphärenreservate umfassen fast 3% der deutschen Landfläche (*Deutsche UNESCO-Kommission e.V. b)*).

	Biosphärenreservat	**Bundesland**	**Fläche in km²**
1	Schleswig-Holsteinisches Wattenmeer und Hallige	Schleswig-Holstein	4.431
2	Hamburgisches Wattenmeer	Hamburg	117
3	Niedersächsisches Wattenmeer	Niedersachsen	2.400
4	Südost-Rügen	Mecklenburg-Vorpommern	235
5	Schaalsee	Mecklenburg-Vorpommern	309
6	Flusslandschaft Elbe	Niedersachsen, Mecklenburg-Vorpommern, Brandenburg, Sachsen-Anhalt	3.540
7	Schorfheide-Chorin	Brandenburg	1.292
8	Spreewald	Brandenburg	475
9	Oberlausitzer Heide- und Teichlandschaft	Sachsen	301
10	Rhön	Bayern, Hessen, Thüringen	1.850
11	Vessertal / Thüringer Wald	Thüringen	171
12	Bayerischer Wald	Bayern	133
13	Berchtesgaden	Bayern	460
14	Pfälzer Wald	Rheinland-Pfalz	1.780
		Deutschland insgesamt: 17.494	

Tab.2: Biosphärenreservate in Deutschland (Eigene Zusammenstellung nach: *Deutsche UNESCO-Kommission e.V.)*

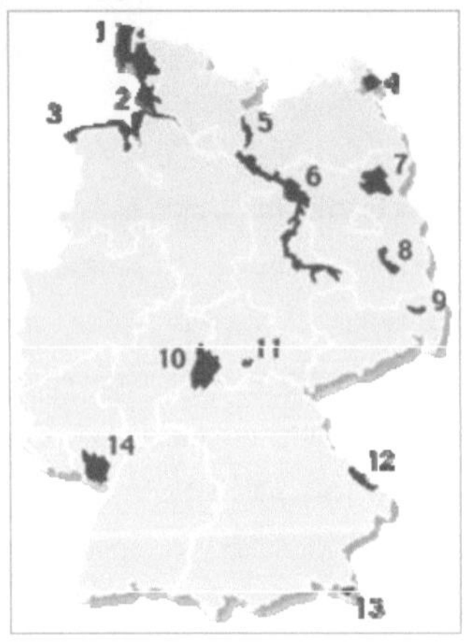

Abb.4: Biosphärenreservate in Deutschland

(Europarc Deutschland b)

3.4 Landschaftsschutzgebiete

Landschaftsschutzgebiete sind großflächiger als Naturschutzgebiete und in ihren gelten weniger strenge Nutzungseinschränkungen. Ziel ist, die Landschaft in ihrem Gesamtcharakter zu schützen und zu erhalten. In Deutschland gibt es zurzeit 7.169 Landschaftsschutzgebiete mit einer Fläche von insgesamt ca. 10,6 Mio. ha (Stand Ende 2004). Dies entspricht ca. 29,9% der deutschen Landesfläche (*BN Bundesamt für Naturschutz/Mainz-Bingen Online*).

3.5 Naturparke

Zurzeit gibt es 90 Naturparke in Deutschland, die ca. 24% der Fläche Deutschlands einnehmen (*Verband Deutscher Naturparke e.V.*). Mit der Schutzgebietskategorie Naturpark soll der Schutz von Natur und Landschaft mit deren Nutzung verknüpft werden. Die Idealvorstellung ist „eine Balance zwischen intakter Natur, wirtschaftlichem Wohlergehen und guter Lebensqualität" (*Verband Deutscher Naturparke e.V.*). In der Karte in der Abbildung 5 sind die Naturparke in grüner Farbe dargestellt.

Abb.5: Naturparke in Deutschland

(Verband Deutscher Naturparke e.V.)

In Rheinland-Pfalz gibt es sechs Naturparke mit einer Gesamtfläche von 4.571,4 km², die in der Abbildung 6 in hellgrün dargestellt sind:

- o Rhein-Westerwald
- o Nassau
- o Saar-Hunsrück
- o Nordeifel
- o Südeifel
- o Pfälzerwald

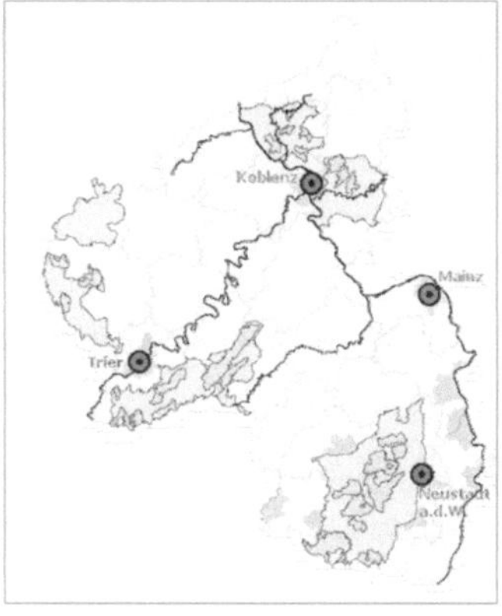

Abb.6: Naturparke in Rheinland-Pfalz

(*Ministerium für Umwelt und Forsten*

Rheinland-Pfalz)

Bundeswettbewerb Deutscher Naturparke

An dem Bundeswettbewerb Deutscher Naturparke können sich alle deutschen Naturparke beteiligen. Ziel ist, zu bestimmten Themen vorbildliche Leistungen zu erbringen. Die Themen der bisherigen Bundeswettbewerbe sind in der Tabelle 3 aufgelistet.

Jahr	Thema
1984	Naturparke zwischen Naturschutz und Erholung - vorbildliche Konfliktlösungen
1986	Vorbildliche Leistungen für den Artenschutz durch Erhaltung, Pflege und Gestaltung von Biotopen
1989	Vorbildliche Informations- und Öffentlichkeitsarbeit in Naturparken
1992	Vorbildliche Schutz- und Pflegemaßnahmen zur Erhaltung historischer Kulturlandschaften in Naturparken
1995	Vorbildliche Gestaltung und Nutzung von Gewässern für die landschaftsbezogene und umweltverträgliche Erholung
1998	Natur und Freizeitsport - vorbildliche Lösung von Konflikten in Naturparken
2000	Stärkung regionaler Identität durch die Naturparke
2002	Biotopverbund in Naturparken 2005 Kommunikation und Umweltbildung
2005	Kommunikation und Umweltbildung

Tab.3: Themen des Bundeswettbewerbs Deutscher Naturparke (Stand Februar 2006)

(Bundesministerium für Umwelt, Naturschutz und Reaktorsicherheit)

3.6 Naturdenkmale

Als Naturdenkmale sind sog. Einzelschöpfungen der Natur, die aus wissenschaftlichen, naturgeschichtlichen oder landeskundlichen Gründen oder wegen ihrer Seltenheit, Eigenart oder Schönheit zu schützen sind. Im Landkreis Mainz-Bingen gibt es aktuell 36 Naturdenkmale, meist Bäume oder Baumgruppen oder auch steinerne Naturdenkmale (*Landkreis Mainz-Bingen Online*).

3.7 Geschützte Landschaftsbestandteile

Die Schutzkategorie Landschaftsbestandteile soll zum Schutz der Leistungs- und Funktionsfähigkeit des Naturhaushalts, des Orts- oder Landschaftsbildes, der Lebensstätten wild lebender Tier- und Pflanzenarten dienen. Auch hier sind es die Länder, die für die Umsetzung sorgen. Im Landkreis Mainz-Bingen gibt es 18 geschützte Landschaftsbestandteile (*Landkreis Mainz-Bingen Online*).

3.8 Gesetzlich geschützte Biotope

Wie schon im ersten Abschnitt im §3 festgelegt (siehe Kapitel 2.1), sind die Länder verpflichtet, mindestens 10% der Landesfläche dem Biotopverbund zuzuordnen. Die Regelung von Verboten und Nutzung in den Biotopen ist Ländersache. Biotope können z.B. Moore, Sümpfe, fließende oder stehende Binnengewässer, offene Felsbildungen, Küstendünen und vieles mehr sein. Durch die zunehmende Versiegelung und Zerschneidung von natürlichen Flächen, wird der Schutz von Biotopen immer wichtiger. Wie in der Abbildung 7 zu erkennen ist, nimmt bei geringerer Fläche der potenzielle Individuenaustausch ab, und so sind viele Pflanzen- und Tierarten gefährdet. Die Abbildung zeigt einen Ausschnitt des Bayrischen Waldes, links 1938 und rechts 1980, die roten Linien stellen den potenziellen Individuenaustausch da,

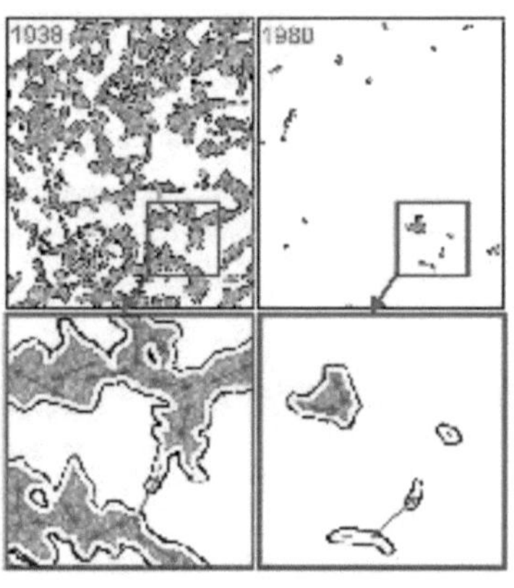

—— Negative Randeffekte

—— Potenzieller Individuenaustausch

Abb.7: Flächenentwicklung von Extensivgrünland in einem Ausschnitt des Bayrischen Waldes (*BN Bundesamt für*

während in gelb-schwarz die negativen Randeffekte gekennzeichnet werden (*BN Bundesamt für Naturschutz*).

3.9 Weitere Paragraphen des vierten Abschnitts

Weiterhin beschäftigt sich der vierte Abschnitt des BNatSchG mit dem Schutz von Gewässern und Uferzonen, dem Europäischen Netz „Natura 2000", der Verträglichkeit und Unzulässigkeit von Projekten und der Regelung von Ausnahmen, gentechnisch veränderte Organismen, stofflichen Belastungen und geschützten Meeresflächen.

4. Weitere Abschnitte des BNatSchG

Die weiteren Abschnitte des BNatSchG beschäftigen sich mit dem Schutz und Pflege wild lebender Tier- und Pflanzenarten (Abschnitt 5), der Erholung in Natur und Landschaft (Abschnitt 6), der Mitwirkung von Vereinen (Abschnitt 7), ergänzenden Vorschriften (Abschnitt 8), Bußgeld- und Strafvorschriften (Abschnitt 9) und Übergangsbestimmungen (Abschnitt 10).

5. Resümee

Die vorliegende Hausarbeit verschaffte einen kurzen Überblick über das Bundesnaturschutzgesetz in der Fassung von 2002. Sie befasste sich kurz mit Landschaftsplanung und dann ausgiebiger mit dem Schutzgebietskategorien des BNatSchG. Es wurde herausgearbeitet, dass es verschiedenste Arten von Schutzgebieten gibt, von einzelnen Bäumen oder Baumgruppen, die als Naturdenkmale geschützt werden, über Biotope und Naturparke, die großflächiger und in Länderzusammenarbeit geschützt werden, bis hin zu Nationalparken und Biosphärenreservate, die sogar grenzüberschreitend mit angrenzenden Ländern (z.B. Biosphärenreservat Pfälzer Wald übergehend bis nach Frankreich) organisiert werden. Abschließend soll noch einmal betont werden, dass das BNatSchG als Rahmen fungiert, Leitlinien vorgibt, nach denen sich zu richten ist, jedoch unterliegt die detaillierte Organisation und Umsetzung den Ländern.

6. Quellenverzeichnis

BN Bundesamt für Naturschutz (2006): http://www.bfn.de (13.03.2007).

Bundesministerium für Umwelt, Naturschutz und Reaktorsicherheit (2006): Bundeswettbewerb Deutscher Naturparke. http://www.bmu.de/naturschutz_biologische_vielfalt/bundeswettbewerb_deutscher_na turparke/doc/4981.php (14.03.2007).

Deutsche UNESCO-Kommission e.V. (2007): Die 14 Biosphärenreservate in Deutschland http://www.unesco.de/br_in_deutschland.html (14.03.2007).

Europarc Deutschland a) (o.J.): Deutsche Nationalparke. Naturerbe bewahren. http://www.europarc-deutschland.de/pages/parke/natpark.htm (14.03.2007).

Europarc Deutschland b) (o.J.) : Biosphärenreservate. Der Mensch und die Biosphäre. http://www.europarc-deutschland.de/pages/parke/biosph.htm (14.03.2007).

Institut für Naturschutz und Naturschutzrecht Tübingen (o.J.): Informationen zur Novellierung des Bundesnaturschutzgesetzes. http://www.naturschutzrecht.net/bundesnaturschutzgesetz-novellierung.htm (13.03.2007).

Katalyse Institut für angewandte Umweltforschung (2001): Nationalparks in Deutschland. http://www.umweltlexikon-online.de/fp/archiv/RUBnaturartenschutz/NationalparkTabelle.php (14.03.2007).

Konrad Adenauer Stiftung (2001): Objektplanung Bodenbelastung durch Flächenversiegelung. http://www.kas.de/kommunal/e-learning/detail.php?graf=62 (13.03.2007).

Landkreis Mainz-Bingen Online (o.J.): http://www.mainz-bingen.de (14.03.2007).

Ministerium für Umwelt und Forsten Rheinland-Pfalz (o.J.) : Schutzgebiete. http://www.naturschutz.rlp.de/web_schutzgebiete_rlp/index_np_rlp.htm (29.10.2006)

Umwelt- und Naturschutzverbände (2006): „Landschaftsverbrauch zurückfahren!" http://www.euronatur.org/uploads/media/FlaechPosPap200605.pdf (13.03.2006).

Verband Deutscher Naturparke e.V. (o.J.): Nationale Naturlandschaften. http://www.naturparke.de (14.03.2007).

Vereinigung Umwelt und Bevölkerung ECOPOP (1995): Naturschutz. http://www.ecopop.ch/A9NATUR/naturschutz.htm (15.03.2007)

BEI GRIN MACHT SICH IHR WISSEN BEZAHLT

- Wir veröffentlichen Ihre Hausarbeit,
  Bachelor- und Masterarbeit

- Ihr eigenes eBook und Buch -
  weltweit in allen wichtigen Shops

- Verdienen Sie an jedem Verkauf

Jetzt bei www.GRIN.com hochladen
und kostenlos publizieren